Mojtaba Labibzadeh

Efeito da alta pressão e da temperatura na resistência do cimento de poços de petróleo

Mojtaba Labibzadeh

Efeito da alta pressão e da temperatura na resistência do cimento de poços de petróleo

ScienciaScripts

Imprint

Cover image: www.ingimage.com

This book is a translation from the original published under ISBN 978-620-2-05786-8.

Publisher:
Sciencia Scripts
is a trademark of
Dodo Books Indian Ocean Ltd. and OmniScriptum S.R.L publishing group

120 High Road, East Finchley, London, N2 9ED, United Kingdom
Str. Armeneasca 28/1, office 1, Chisinau MD-2012, Republic of Moldova, Europe
Printed at: see last page
ISBN: 978-620-7-85405-9

Índice

Resumo: O desenvolvimento de cimento para poços de petróleo com elevada resistência à compressão no início da vida útil é uma tarefa importante na conceção do cimento para poços de petróleo. A obtenção de uma resistência à compressão adequada no início da vida útil do cimento para poços de petróleo garante o suporte estrutural do revestimento e o isolamento hidráulico/mecânico dos intervalos do furo. Tendo esta questão em mente, nesta investigação, foi estudado o efeito das alterações de pressão e temperatura no interior do furo sobre a resistência à compressão do cimento de poço de petróleo classe G. No trabalho proposto, em contraste com a maioria dos estudos anteriores que consideraram determinadas temperaturas e pressão atmosférica nos seus testes, foram investigados os efeitos das alterações contemporâneas de pressão e temperatura na resistência à compressão do cimento de poços de petróleo. Utilizando um método não destrutivo, a resistência à compressão de amostras de cimento curadas durante 48 horas sob alterações progressivas de pressões e temperaturas simultâneas coincidentes com os dados reais de um poço de petróleo foi medida e registada continuamente em intervalos pré-definidos durante esse período de 48 horas. O caso de estudo foi um poço de petróleo localizado na região de Darquain, na província de Khuzestan, no Irão. Os resultados obtidos mostraram que as amostras envelhecidas durante 8 e 12 horas têm uma resistência máxima à compressão numa determinada combinação de pressão e temperatura, 51,7 MPa e 121°C, enquanto as amostras envelhecidas durante 24, 45 e 48 horas têm um ponto mínimo na sua curva de resistência à compressão a 17,2 MPa e 68°C e um ponto máximo a 41,4 MPa e 82°C. Todas as amostras mostram uma redução significativa (até aproximadamente 70%) na resistência à compressão após o ponto de 51,7 MPa e 121°C. Considerando o perfil do poço de petróleo do estudo de caso de mudanças de pressão e temperatura do furo, este cimento classe G testado é recomendado para uso em trabalhos de cimentação desde o nível do solo até quase 4000 m abaixo da superfície.

Palavras-chave: Resistência à compressão, poço de petróleo, cimentação, pressão e temperatura do furo.

Capítulo 1

1. Introdução

Entre todas as operações realizadas durante a perfuração de um poço de petróleo ou gás, a tubagem e a cimentação do poço podem certamente ser conhecidas como as actividades mais importantes. A durabilidade e a eficiência da taxa de produção do poço dependem muito do grau de sucesso desta fase. Na operação de tubagem, o poço é coberto por segmentos de cordas de tubos de aço especiais (revestimento) e, consequentemente, na fase de cimentação, o anel entre a corda do revestimento e a rocha do poço (Formação) é preenchido com um determinado composto de calda de cimento. Este composto pode ser constituído por diferentes ingredientes com diferentes percentagens de peso em relação ao peso do cimento na mistura de calda de cimento. Por exemplo, uma pasta de cimento é composta da seguinte forma: um cimento aluminoso cujo teor de alumina é de pelo menos 30%; uma microssílica com uma granulometria na faixa de 0,1 a 20 µm cuja porcentagem é inferior a 35% em peso em relação ao peso do cimento; partículas minerais com uma granulometria na faixa de 0.5 a 500 µm, cuja percentagem é inferior a 35% em peso em relação ao cimento, sendo que a percentagem das referidas partículas é inferior à percentagem da referida microssílica; um agente fluidificante hidrossolúvel, cuja percentagem se situa no intervalo de 0,2% a 3% em relação ao peso do cimento; um agente retardador para controlar o tempo de presa da calda; água numa quantidade de, no máximo, 40% em relação ao cimento [1]. A calda de cimento é gradualmente endurecida durante um certo intervalo de tempo (normalmente após várias horas ou vários dias) e converte-se numa bainha de cimento rígida. A bainha de cimento deve ser capaz de resistir à pressão da formação, que consiste na pressão dos poros e na pressão da fratura. A soma destas duas pressões é designada por pressão in-situ ou pressão total. Para além disso, a bainha de cimento deve ser capaz de resistir à pressão hidrostática devida aos fluidos de perfuração no interior da coluna de revestimento, às cargas térmicas devidas ao aumento da temperatura desde a superfície até ao fundo do poço e também às cargas periódicas devidas a várias operações no interior do poço, que consistem na hidratação do cimento, produção de hidrocarbonetos, tratamentos de estimulação, testes de integridade da pressão do cimento e dos revestimentos que podem alterar a pressão e a temperatura expostas na bainha de cimento após a colocação no anel [2, 3, 4].

A monitorização da temperatura do poço é um dos factores mais importantes que controlam a reação química e os resultados de desempenho de uma operação de cimentação. Na cimentação de poços de petróleo, a pasta de cimento colocada a uma profundidade total está sujeita a um aumento progressivo da temperatura desde o momento em que é misturada à superfície e bombeada para o poço até ao momento em que o cimento cura e as formações adjacentes ao poço regressam à sua pressão estática final. As temperaturas estáticas e de circulação afectam a conceção do cimento. A temperatura de circulação é a temperatura que a pasta encontra quando está a ser bombeada para o poço. A temperatura estática é o calor de formação a que a pasta será sujeita depois de a circulação ser interrompida durante um determinado período de tempo. Os projectistas devem conhecer a temperatura estática do fundo do poço (BHST) para projetar e avaliar a estabilidade a longo prazo, ou a taxa de desenvolvimento da resistência à compressão da pasta de cimento. A determinação da BHST é especialmente importante na cimentação de poços profundos, onde o diferencial de temperatura entre o topo e o fundo do cimento pode ser grande. Geralmente, a sensibilidade do cimento aumenta à medida que a BHST aumenta [2].

No sector do petróleo e do gás, são definidos dois tipos de resistência à compressão do cimento. A resistência à compressão inicial é a resistência à compressão do cimento nos momentos iniciais após a preparação e colocação da calda de cimento no furo do poço e a resistência à compressão a longo prazo é a resistência à compressão do cimento após a conclusão do processo de hidratação e exploração do poço e ou mesmo após vários anos de operação de produção do poço.

O desenvolvimento de um cimento para poços de petróleo com elevada resistência à compressão no início da vida útil é uma tarefa importante na conceção do cimento para poços de petróleo[5]. A obtenção de uma resistência à compressão adequada no início da vida útil do cimento para poços de petróleo assegura o suporte estrutural do revestimento e o isolamento hidráulico/mecânico dos intervalos do furo. [5]. Quando a calda de cimento é produzida e bombeada para o poço, a pasta de cimento começa a mudar de um verdadeiro fluido para um material semi-sólido com uma resistência à compressão mensurável no início da formação do gel e o fluido começa a sofrer pressão hidrostática através de tensões de cisalhamento e o gel ganha gradualmente a sua força. A resistência estática do gel, que ocorre devido à diminuição do volume, leva à redução da pressão. A fase de transição é muito crítica, porque nesta condição a coluna de cimento começa a suportar-se a si própria e não transfere a maior parte da pressão hidrostática para a zona de escoamento, pelo que uma fase de transição mais longa permite um maior tempo para a diminuição do volume [7]. Este fenómeno, que leva a uma maior fuga de gás através da coluna de cimento, é conhecido como migração de gás e causa ineficiência na operação de cimentação. A migração de gás pode ser evitada reduzindo o tempo da fase de transição e, por outras palavras, acelerando o desenvolvimento da resistência à compressão do cimento [6, 7].

Outro momento importante nos tempos iniciais após a cimentação é o tempo de espera do cimento (Wait-On-Cement - WOC); este é definido como o momento em que a resistência à compressão começa a desenvolver-se na pasta logo após o momento em que termina o desenvolvimento da resistência estática do gel. Por outras palavras, o tempo WOC é o tempo necessário para que o cimento ganhe uma resistência à compressão mínima, igual a 3,45 MPa (500 Psi) segundo o API (American Petroleum Institute), para resistir aos choques provocados pela operação de perfuração em fases posteriores. Os atrasos no desenvolvimento da resistência causam perdas de tempo significativas devido à necessidade de WOC. Assim, as operações de perfuração não podem prosseguir e a plataforma tem de ficar inativa até que o cimento seja considerado suficientemente duro para continuar [5, 6 e 8].

A resistência à compressão do cimento a longo prazo é importante e necessária face às condições encontradas no interior do poço, para além da resistência à compressão no início da idade. O cimento duro deve ser capaz de cobrir os cordões de revestimento do poço e ligá-los à formação. Além disso, o cimento duro causa a estabilidade do poço e protege as cordas de revestimento contra pressões externas resultantes de pisos de terra, que podem até causar a rutura dos tubos, e contra a eletrólise e a corrosão causadas por águas corrosivas subterrâneas e hidrocarbonetos ácidos ou contacto direto com estratos; e evita a migração de fluidos entre formações e a poluição indesejada de hidrocarbonetos valiosos [1].

Uma abordagem em três etapas, delineada na Figura 1, pode ajudar os operadores a cimentar corretamente um poço que possa produzir hidrocarbonetos de forma segura e económica [3, 9]. A etapa 1 é a análise de engenharia. O resultado da análise de engenharia é ajudar a fornecer as propriedades óptimas da bainha de cimento necessárias para suportar as operações do poço. A Etapa 2 é a conceção da pasta de cimento e o ensaio para fornecer um sistema de cimento que possa corresponder ou exceder as propriedades da bainha de cimento avaliadas na Etapa 1.

Exemplos das propriedades da bainha de cimento que devem ser testadas na etapa 2 são:

- Resistência à compressão
- Resistência à tração
- Módulo de Young
- Rácio de Poisson

- Parâmetros de plasticidade

Além disso, os valores medidos em laboratório no Passo 2 fazem parte das variáveis de entrada para a análise de engenharia (Passo 1) para avaliar a integridade da bainha de cimento. Para ajudar a alcançar o isolamento zonal, os passos 1 e 2 devem ser seguidos pelo passo 3, colocação efectiva de pasta de cimento e monitorização durante a vida do poço" [3, 9].

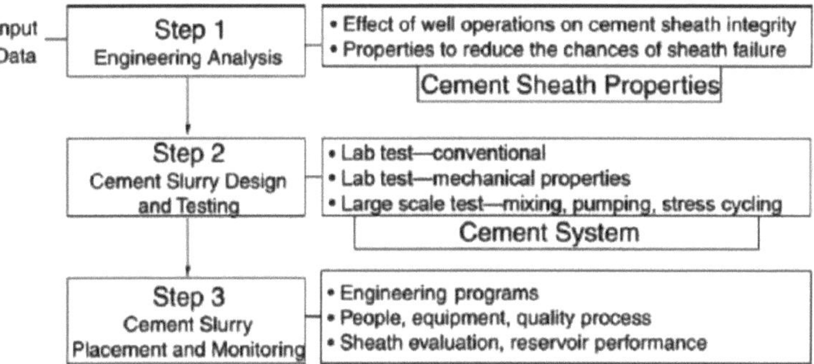

durante o tempo de construção do poço e melhorar o fator de segurança na fase de construção.

A principal diferença entre esta investigação e os trabalhos anteriores, que será brevemente mencionada de seguida, é que nos estudos anteriores a pressão foi assumida como constante e a temperatura foi definida para ser variada. No entanto, no presente trabalho, a pressão e a temperatura são ajustadas para serem alteradas de acordo com as condições reais no furo, e estes efeitos na resistência à compressão do cimento no início da idade são investigados.

1.1. Revisão da literatura

A avaliação dos vários aspectos do tratamento do cimento, considerando a aplicação e a sua impressão nos poços de petróleo e gás, tem sido sempre objeto de atenção por parte dos investigadores. Alguns cientistas têm estudado o efeito da água e dos aditivos nas propriedades mecânicas do cimento sem considerar o efeito da pressão ou da temperatura no interior do poço. Dahab e Omar, 1989, prepararam uma mistura de pasta de cimento utilizada maioritariamente na Arábia Saudita, utilizando água do mar, água doce e água destilada [10]. Através das suas investigações, deduziram que o cimento preparado com água do mar apresenta maior resistência à compressão do que os outros dois tipos de calda de cimento em 1, 2 e 3 tempos de cura. Também a sua avaliação do efeito de aditivos como o cloreto de cálcio, o lignossulfonato e a bentonite na pasta de cimento indicou que, numa determinada concentração de cada um destes aditivos, a resistência à compressão do cimento aumenta com o aumento do tempo de cura; mas num tempo fixo, a resistência à compressão diminui com o aumento da concentração de cada um destes aditivos [10]. Lecolier, 2007, estudou os efeitos das condições de tempo de cura a longo prazo da água,

água salgada e petróleo bruto na resistência à compressão do cimento [11]. Os resultados do primeiro molde (contendo água) ilustraram que, durante os primeiros seis meses, a alteração da resistência mecânica não é significativa. Mas após um ano, a resistência à compressão começa a diminuir lentamente. Os resultados do segundo molde (contendo água salgada) em que o fluido de cura foi renovado todos os meses mostraram que, durante os primeiros quatro meses, a resistência à compressão é semelhante à situação em que o fluido de cura não foi alterado. Após quatro meses, a resistência à compressão começou a diminuir drasticamente. Após um ano, a redução da resistência à compressão foi de cerca de 50 por cento. Mas no terceiro caso, ao contrário do que foi observado nos dois testes anteriores, a resistência à compressão mantém-se estável ao longo do tempo. Este facto pode dever-se à ausência de compostos ácidos no petróleo bruto [11]. Alguns dos outros acrescentam o efeito do fator temperatura nos seus estudos. Por exemplo, em 1999, Noik e Rivereau compararam o comportamento de quatro compostos diferentes de cimento da classe G a 120°C, 140°C e 180°C. O seu objetivo era a avaliação da sílica e do cimento da classe G a 120°C, 140°C e 180°C. O seu objetivo era a avaliação dos efeitos da areia de sílica na pasta de cimento. As suas experiências demonstraram que, a uma temperatura de 180°C, os valores de resistência à compressão sem sílica eram muito baixos e aumentariam com a adição de sílica à pasta de cimento [12]. Mirza, 2002, examinou o efeito das cinzas volantes nas propriedades do cimento. Esta investigação demonstrou que a utilização de cinzas volantes na mistura de cimento a uma temperatura de 20°C e à pressão atmosférica provoca uma redução das resistências à compressão aos 28 e 91 dias, em comparação com a calda de referência com um valor equivalente da relação água/cimento; mas à medida que a calda amadurece, a diferença entre o aumento da resistência da calda de referência e da calda de cinzas volantes diminui [13]. Outro grupo de cientistas considera uma certa combinação de temperatura e pressão no seu trabalho: Jennings, 2005, testou uma combinação de cimento contendo esferas ocas de cerâmica a 1,14 gr/cm3 curadas durante um ano a 149°C e 20,7 MPa e verificou que a amostra fornecida tem um declínio inaceitável na resistência à compressão. O valor mais elevado registado de resistência à compressão numa semana foi de 7,19 MPa; e após um ano de cura diminuiu para 7,3 MPa. Esta combinação diminuiu 81% em 11,75 meses quando curada a 149°C e 20,7 MPa [14]. Além disso, Al-Yami, em 2007 e 2008, testou outra mistura de baixa densidade de cimento classe G, silicato de alumínio, sílica cristalina, microesferas de vidro ocas e água a 1,12 gr/cm3. Primeiro, em 2007, curou esta combinação a 66°C e 12,4 MPa; neste caso, a resistência à compressão continuou a desenvolver-se durante mais de um mês, mas depois estabilizou após 2 e 3 meses, quando o sistema atingiu o equilíbrio. A resistência final à compressão desta combinação, após 3 meses de cura a 66°C e 12,4 MPa, foi de 15,15 MPa [15]. Depois, em 2008, examinou esta mistura a 127°C e 20,68 MPa; a resistência à compressão nestas condições de pressão e temperatura também foi estável durante o período de ensaio de três meses. A resistência à compressão final após a cura durante 3 meses a 127°C e 20,68 MPa foi de 9,94 MPa, o que excede significativamente os valores recomendados de 3,45 Mpa de acordo com a API para manter muitos invólucros no lugar [16].

Capítulo 2

2. Materiais e métodos

2.1. Condições de pressão e temperatura no interior do poço proposto

As condições de pressão e temperatura necessárias para a cura das amostras de cimento foram seleccionadas de acordo com as condições reais dos poços da região de Darquain, situada 40 km a norte da cidade de Abadan, ao longo da margem ocidental do rio Karun, na província iraniana de Khuzestan.

Considerando o gradiente de temperatura estático dado no furo proposto (furo de Darquain), foram calculados os valores de temperatura em várias profundidades do poço. Estes dados foram medidos por instrumentos dentro de um poço de petróleo real em abril de 2009.

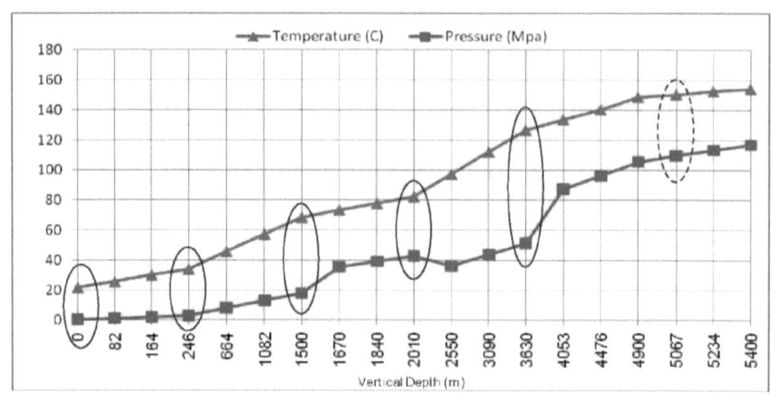

Figura 2- Variações de temperatura e pressão nas profundidades do óleo estudado bem-abril de 2009

De acordo com a Figura 3, os valores de pressão no interior do poço e à sua volta (no interior da formação) são ambos funções da variável profundidade, e devem ser observados. O valor da pressão hidrostática no interior do poço pode ser calculado diretamente com a Equação 1 [2].

$$P_{Hyd} = 9.807 \times \gamma_{Mud} \times TVD \qquad (1)$$

Onde, P_{Hyd} = pressão hidrostática (Pa)

γ_{Mud} = densidade da lama de perfuração (Kg/m3)

TVD= profundidade vertical total (m)

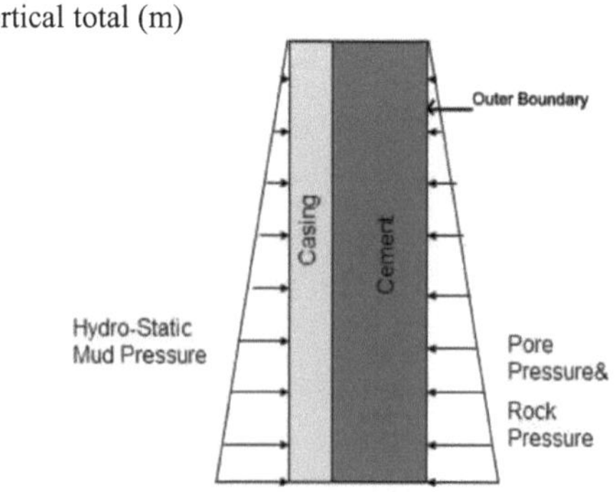

Figura 3 - Esquema das pressões à volta e no interior do poço [2]

Na fronteira exterior encontramos dois tipos de pressões, a pressão dos poros da rocha e a pressão da sobrecarga. A pressão resultante actua horizontalmente em direção ao poço [2]. A pressão no limite exterior deve estar sempre em equilíbrio com a pressão hidrostática devida aos fluidos de perfuração. O desequilíbrio entre as duas pressões mencionadas pode levar ao rebentamento de gás do anel entre o revestimento e a formação (se a pressão in-situ for superior à pressão hidrostática) ou levar ao esmagamento das pedras circundantes e à perda de fluido (se a pressão hidrostática for superior à pressão in-situ).

Quando a pasta de cimento é bombeada para o anel, cria uma pressão hidrostática equivalente às pressões mencionadas até estar na fase líquida. Por conseguinte, a pressão que o cimento encontra no interior do poço durante o tempo de cura e após o endurecimento é a pressão in situ no limite exterior que deve ser igual à pressão hidrostática do fluido de perfuração no interior do poço. Assim, tendo em conta os valores dados da densidade da lama em várias profundidades do poço em estudo, os valores de pressão foram calculados utilizando a Equação 1 e utilizados para o ensaio de amostras de cimento no laboratório para criar pressões de acordo com as condições reais no interior do poço. As alterações de pressão são apresentadas na Figura 2.

De acordo com a Figura 2, foram seleccionados seis pontos diferentes de condições de pressão e temperatura no interior do poço para a cura das amostras de cimento. A pressão no sexto ponto não é real devido à limitação da capacidade de serviço da máquina de ensaio. Estes pontos estão rodeados por elipses na figura 2.

A falha mecânica do cimento pode ser causada por tensões induzidas por variações nas condições do furo, tais como

- Ensaio de integridade da pressão
- Aumento da pressão devido à produção de gás
- Alteração do peso da lama após a colocação do cimento
- Tratamentos de estimulação
- Alterações de temperatura

A falha por compressão do cimento pode ocorrer se o cimento for colocado entre dois invólucros ou através de uma formação dura e as tensões radiais excederem a resistência à rutura do cimento. [4]

Os pontos de referência são a pressão e a temperatura ambiente; pressões de 2,8 MPa, 17,2 MPa, 41,4 MPa, 51,7 MPa e 51,7 MPa; e temperaturas correspondentes de 38°C, 68°C, 82°C, 121°C e 149°C. Tal como referido anteriormente, a razão para a mesma pressão nos dois últimos pontos foi a limitação do aumento da pressão para além deste valor devido às condições de segurança do laboratório.

2.2. Conceção da pasta de cimento

A mistura de lamas é constituída por cimento da classe G, aditivos e água. Existem atualmente oito classes de cimentos Portland API, designadas de A a H. Estão organizadas de acordo com as profundidades a que são colocadas e as pressões e temperaturas a que estão expostas [8, 21]. Na indústria de perfuração de poços petrolíferos, os cimentos de poço das classes G e H são conhecidos como cimentos de poço básicos, porque nenhuma outra adição para além de sulfato de cálcio ou água, ou ambos, deve ser misturada com o clínquer durante o fabrico destas classes de cimento de poço. Assim, com a adição de aditivos adequados, tais como aceleradores e retardadores, é possível alterar o seu tempo de presa para abranger uma vasta gama de profundidades, pressões e temperaturas dos poços [1,8]. As principais fases do clínquer de cimento da classe G são constituídas por 50% de silicato tricálcico (C3S), 30% de silicato dicálcico (C2S), 5% de aluminato tricálcico (C3A) e 12% de aluminoferrite tetracálcica (C4AF) [1].

Os aditivos utilizados na composição do cimento são seleccionados com base nas condições de pressão e temperatura de ensaio. O cloreto de cálcio

($CaCl_2$) foi utilizado como acelerador para reduzir o tempo de presa da pasta de cimento à pressão e temperatura ambiente e o D-013 foi utilizado como retardador para aumentar o tempo de presa da pasta de cimento a altas pressões e temperaturas [1]. Tendo em conta o objetivo desta investigação, foram utilizados os aditivos que tinham o menor efeito possível na resistência à compressão do cimento; ao mesmo tempo, estes aditivos seriam capazes de fornecer condições relativamente aceitáveis de propriedades reológicas e de tempo de presa próximas das condições das pastas utilizadas na aplicação.

O cloreto de cálcio foi adicionado à pasta de cimento à pressão e temperatura ambiente na concentração de 1% em peso de cimento (BWOC). O D-013 foi adicionado às pastas de cimento na concentração de 0,1% BWOC para a cura a (17,2 MPa e 68°C) e na concentração de 0,3% BWOC para a cura a (41,4 MPa e 82°C), (51,7 MPa e 121°C) e (51,7 MPa e 149°C). Investigações efectuadas no passado mostraram que o retardamento moderado tinha um efeito mínimo nas propriedades estáticas do cimento (isto é, propriedades que são medidas sob temperatura estática, como a resistência à compressão) [6]. Tendo em conta esta questão e para evitar os efeitos dos aditivos na resistência à compressão do cimento, a fim de determinar o verdadeiro efeito da pressão e da temperatura no cimento, o valor máximo de retardador utilizado na pasta de cimento foi determinado na concentração de 0,3% BWOC.

Além disso, a densidade das pastas de cimento em todos os ensaios foi considerada como 1,84 gr/cm3, densidade esta que se situa no intervalo de densidade das pastas de cimento puro (a densidade das pastas de cimento puro situa-se entre 1,79 gr/cm3 e 1,92 gr/cm3). As pastas de cimento com densidade inferior a 1,79 gr/cm3 são chamadas de cimentos de baixa densidade e com densidade superior a 1,92 gr/cm3 são chamadas de cimentos de alta densidade. O rácio água/cimento (WCR) foi determinado como 0,5 em todos os casos.

2.3. Medição da resistência à compressão do cimento

Ao medir a alteração da velocidade de um sinal acústico, o Analisador Ultrassónico de Cimento (UCA) fornece um método contínuo e não destrutivo para determinar a resistência à compressão em função do tempo, de acordo com a API [17, 18]. O UCA mede o tempo de atraso de um impulso de onda ultra-sónica através da amostra; utilizando equações definidas, esta velocidade é convertida em resistência à compressão uniaxial e registada. A base sobre a qual esta configuração funciona é o facto de o tempo de trânsito da onda de compressão ultra-sónica, a densidade da substância que a onda atravessa e a resistência à compressão da substância estarem inter-relacionados.[6] A Figura 4 mostra este dispositivo e as suas diferentes partes.

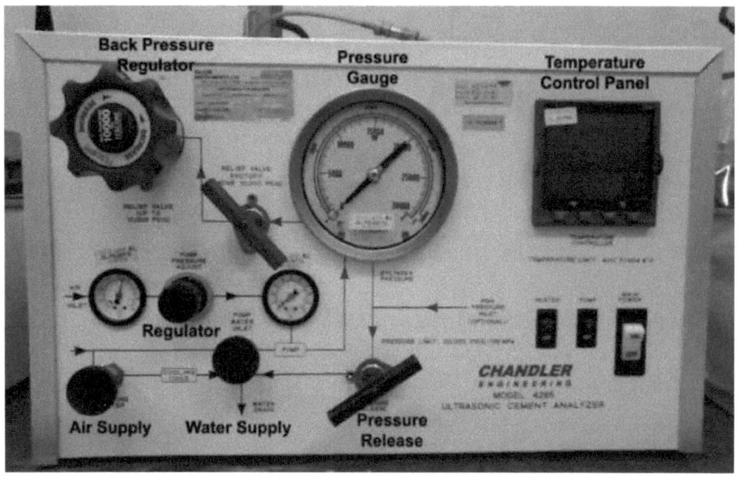

Figura 4- Diferentes partes do dispositivo UCA

Uma vez que mais de 90 % da resistência total à compressão se desenvolve tipicamente em cimentos de campos petrolíferos 48 horas após o tempo de mistura, o intervalo de tempo para medir a resistência neste estudo foi determinado como 48 horas. Vale a pena notar que este é o tempo mínimo recomendado antes de executar registos de ligação para avaliar o isolamento zonal [5].

Capítulo 3

3. Resultados e discussões

3.1. Condições de cura: Pressão e temperatura ambiente (0,1 MPa, 22°C)

Antes de analisar os resultados do UCA, apresentamos os resultados dos ensaios efectuados em condições de pressão e temperatura ambiente. Nestas condições, foram utilizados moldes cúbicos com dimensões de 5,08 cm. Após a cura das amostras durante 24 e 48 horas, estas foram comprimidas axialmente utilizando uma prensa hidráulica e a resistência à compressão das amostras foi medida. Os resultados obtidos estão resumidos na Tabela 1. Neste caso, a resistência à compressão é calculada como a divisão da força final exercida sobre as amostras pela sua área de superfície. Em cada tempo de cura, foram implementadas três amostras e os valores médios da resistência à compressão das amostras foram calculados e registados como a resistência à compressão total no tempo correspondente.

Tabela 1- Valores de resistência à compressão à pressão e temperatura ambiente

Curing Time (Hr)	Compressive Strength	
	PSI	MPa
24	1588	10.95
48	2400	16.55

Dado que o dispositivo UCA fornece valores de resistência à compressão em libras por polegada quadrada (PSI), nesta secção são utilizadas ambas as unidades de resistência: MPa (sistema SI) e PSI. Pode deduzir-se do quadro 1 que a resistência à compressão do cimento proposto após 48 horas de cura aumenta aproximadamente até 150% em comparação com o valor correspondente após 24 horas de cura à pressão e temperatura ambiente.

3.2. Condições de cura: 2,8 MPa (400 PSI) e 38°C

Neste ensaio, os resultados mostram (Figura 5) que a resistência mínima do gel igual a 0,34 MPa (50 PSI) é alcançada às 05:55:00 e a resistência mínima aceitável à compressão do cimento igual a 3,4 MPa (500 PSI) de acordo com a API é executada às 10:28:00. Além disso, a resistência máxima à compressão é observada igual a 14,24 MPa (2066 PSI) às 47:43:42. A figura 5 indica que, nestas condições, a tendência da curva de resistência à compressão obtida é crescente e, depois de atingir o valor máximo, nos últimos 17 minutos de duração do ensaio, continua quase constante.

Comparando os resultados correspondentes introduzidos na figura 5 e na tabela 1, pode deduzir-se que a resistência à compressão do cimento após 24 horas de cura não se altera sob 400 PSI e 38°C, mas o valor mencionado diminui cerca de 14% após 48 horas de cura. Na opinião do autor, esta redução observada pode ser resultado do facto de a precisão de dois instrumentos de medição não ser a mesma e pode ser negligenciada.

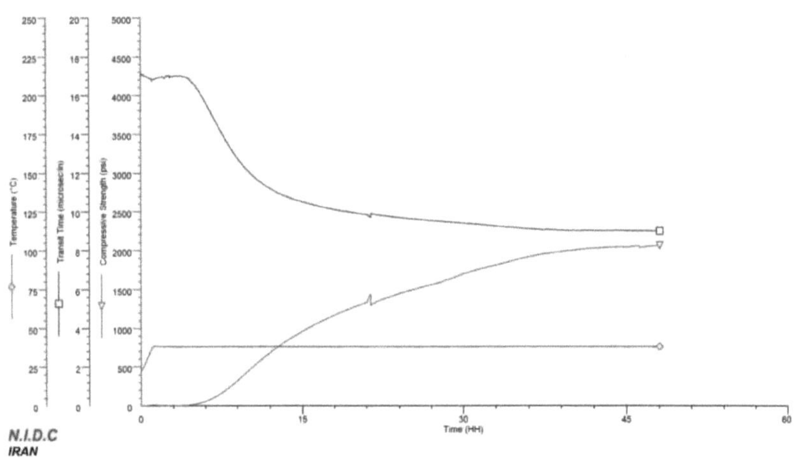

Figura 5- Variação da resistência à compressão a 2,8 MPa e 38°C

3.3. Condições de cura: 17,2 MPa (2500 PSI) e 68°C

Nesta situação, os resultados revelam (Figura 6) que a resistência mínima do gel é atingida às 06:16:00 e a resistência mínima aceitável à compressão do cimento, de acordo com a API, é medida às 08:37:00. A resistência máxima à compressão igual a 12,72 MPa (1845 PSI) é medida às 47:27:30. A Figura 6 demonstra que, nestas condições semelhantes às do caso anterior, a tendência da curva da envolvente da resistência à compressão é crescente e, depois de atingir o valor máximo, nos 33 minutos residuais até ao fim do ensaio, continua constante. Neste caso, o tempo para atingir o pico da curva verde é mais curto. A resistência à compressão final do cimento nestas condições é medida igual a 12,72 MPa (1844 PSI).

3.4. Condições de cura: 41,4 MPa (6000 PSI) e 82°C

Os resultados neste estado indicaram (Figura 7) que a resistência mínima do gel foi atingida à 01:59:30 e a resistência mínima aceitável à compressão do cimento de acordo com a API foi observada às 02:49:30. Além disso, a resistência máxima à compressão igual a 18,91 MPa (2742 PSI) ocorreu às 44:35:30. A Figura 7 mostra que, nestas qualificações, a tendência da resistência à compressão também está a aumentar, mas com a diferença de que os valores da resistência à compressão nas primeiras horas são muito mais elevados e o mínimo da resistência à compressão é atingido muito mais cedo do que nos outros dois casos. Depois de atingir o valor máximo de resistência à compressão, a resistência diminui ligeiramente e, em seguida, nas 3 horas residuais até ao fim do ensaio, continua uniformemente. A resistência final à compressão do cimento nestas condições foi medida em 18,82 MPa (2730 PSI).

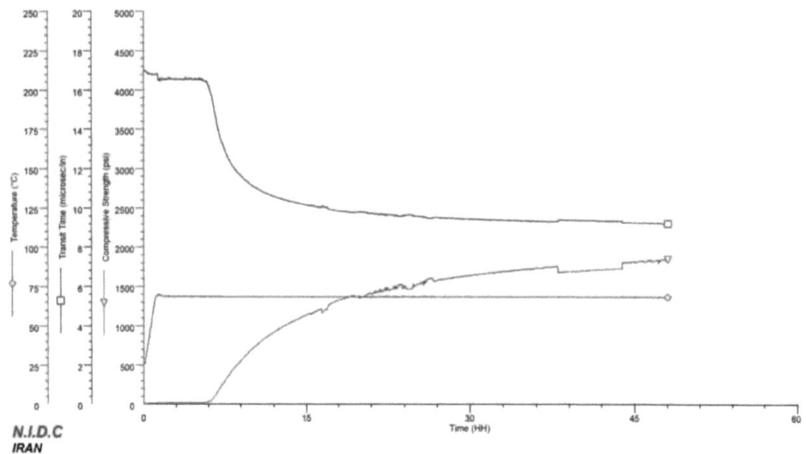

Figura 6- Variação da resistência à compressão a 17,2 MPa e 68°C

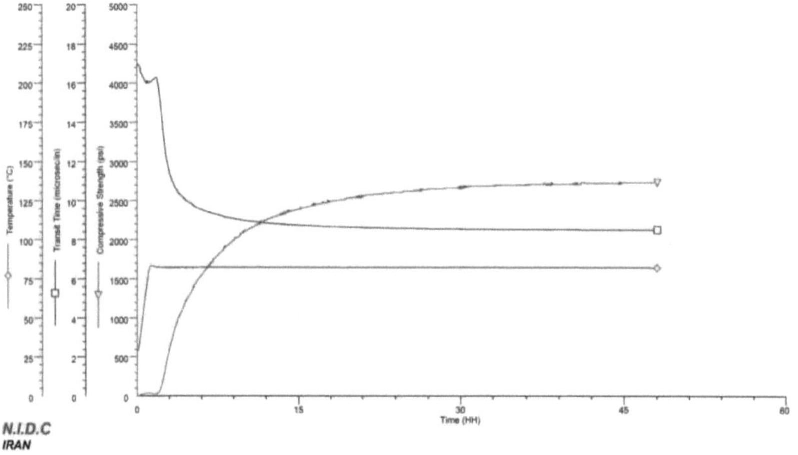

Figura 7- Variação da resistência à compressão a 41,4 MPa e 82°C

3.5. Condições de cura: 51,7 MPa (7500 PSI) e 121°C

Nesta fase do ensaio, os resultados provaram (Figura 8) que a resistência mínima do gel foi ultrapassada às 00:50:30 e a resistência mínima aceitável à compressão do cimento, de acordo com a API, foi atingida às 02:05:30. A resistência máxima à compressão igual a 17,71 MPa (2569 PSI) foi atingida às 17:20:00. A Figura 8 mostra que, nestas condições, a resistência à compressão do cimento se desenvolve mais rapidamente e com um valor muito mais elevado do que nos ensaios anteriores. Depois de atingir o valor máximo, a resistência à compressão manteve-se inalterada durante 1 hora e 10 minutos, tendo depois começado a diminuir e esta tendência decrescente manteve-se até ao fim do ensaio. A resistência final à compressão do cimento nestas situações foi medida igual a 16,40 MPa (2383 PSI).

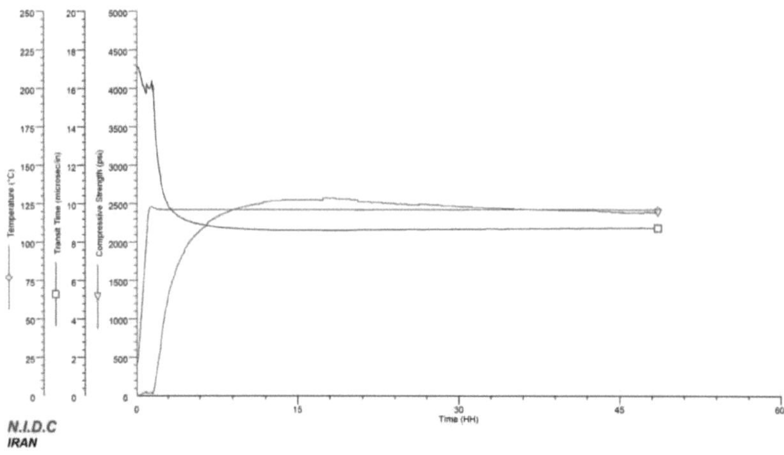

Figura 8- Variação da resistência à compressão a 51,7 MPa e 121°C

3.6. Condições de cura: 51,7 MPa (7500 PSI) e 149°C

Os resultados ilustram na Figura 9 que a resistência mínima do gel foi ultrapassada às 00:55:30 e a resistência mínima aceitável à compressão do cimento, de acordo com a API, foi atingida às 01:28:30. Para além disso, a resistência máxima à compressão foi atingida a 7,99 MPa (1159 PSI) às 03:31:00. Para além disso, a Figura 9 mostra que, nestas condições, a resistência à compressão da amostra de cimento se desenvolve mais rapidamente do que em todos os casos anteriores e, por conseguinte, atingiu o valor máximo de resistência num período de tempo mais curto. Depois de a resistência à compressão ter atingido o valor máximo, a resistência começou a diminuir e continua desta forma até ao fim do ensaio. A resistência final à compressão do cimento nestas condições foi medida igual a 4,59 MPa (666 PSI). É importante recordar que esta condição não existe no interior do poço e que o estado real é de 110 MPa e 149°C. Como foi referido anteriormente, isto deve-se à limitação da capacidade de serviço da máquina de ensaio UCA.

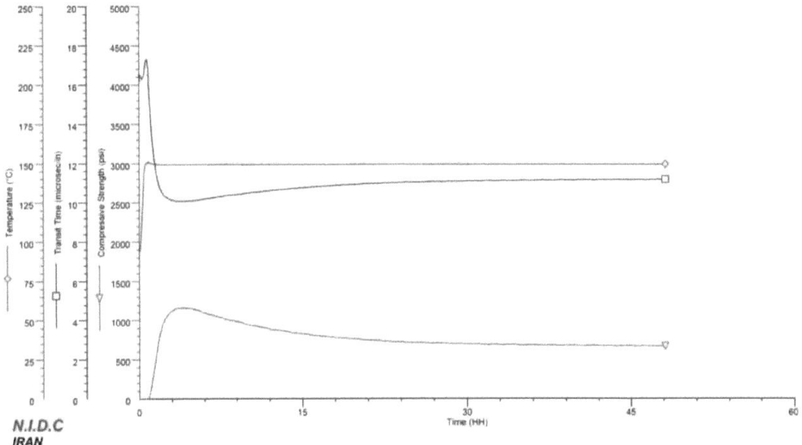

Figura 9- Variação da resistência à compressão a 51,7 MPa e 149°C

Nas Figuras 5 a 9, as linhas verdes indicam as alterações da resistência à compressão do cimento com o tempo; as linhas azuis mostram o tempo de trânsito da onda de compressão nas amostras de cimento e as linhas vermelhas mostram o valor da temperatura em cada ensaio. Os valores de pressão foram definidos no dispositivo UCA e não foram apresentados nas figuras. A velocidade de transição da onda de compressão aumenta com a alteração da densidade da pasta de cimento, uma vez que esta se converte no estado de gel e depois em material duro; assim, com o prolongamento do tempo de ensaio, o tempo de transição da onda torna-se mais curto. A temperatura mantém-se constante após atingir o valor requerido numa hora.

Capítulo 4

4. Conclusão

Foi revelado na tabela 1 e nas figuras 5 a 8 que, quando a pressão e a temperatura contemporâneas aumentam de (0,1 MPa, 22°C) para (51,7 MPa e 121°C), a resistência à compressão no início da idade do cimento de classe G proposto utilizado no nosso estudo aumenta. A taxa deste aumento é intensificada com o aparecimento de pressão e temperatura mais elevadas. O desenvolvimento mais rápido da resistência à compressão no início da idade pode levar à redução do tempo da fase de transição. Isto pode reduzir o potencial de migração de gás através da coluna de cimento colocada dentro do poço de petróleo durante os tempos iniciais (48 horas) e desenvolve o fator de segurança do projeto durante a construção. Mas de (51,7 MPa e 121°C) para (51,7 MPa e 149°C) verifica-se que a resistência à compressão diminui significativamente. Embora este estado não ocorra no poço e a pressão não seja alterada através destes dois últimos estados, o autor acredita que, de acordo com a literatura [11, 12, 18, 19 e 23], devido às temperaturas elevadas nesta gama, a resistência à compressão seria reduzida no interior do poço numa situação real. Assim, pode dizer-se que o cimento da classe G pode ser utilizado na Os poços de petróleo da região de Darquain desde a superfície até à profundidade de cerca de 3600 m são seguros, mas para as profundidades maiores não são recomendados.

Referências

1- Asadi, B., "Oil Well Cementing", Primeira Edição, Central Printery of Oil Company, Ahwaz, Irão, 1983.

2- Abbaszadeh Shahri, M., "Detecting and Modeling Cement Failure in High Pressure/High Temperature Wells, Using Finite Element Method", M.Sc. Thesis, A & M University, Texas, U.S.A., dezembro de 2005.

3- Ravi, K., et al, "A Comparative Study of Mechanical Properties of Density-Reduced Cement Compositions", SPE Drilling & Completion, Vol. 22, No. 2, pp. 119-126, junho de 2007.

4- Al-Suwaidi, A.S., et al, "A New Cement Sealant System for LongTerm Zonal Isolation for Khuff Gas Wells in Abu Dhabi", Documento SPE 117116 Apresentado na International Petroleum Exhibition and Conference, Abu Dhabi, U.A.E., 3-6 de novembro de 2008.

5- Di Lullo, G., e Rae, Ph., "Cements for Long Term Isolation - Design Optimization by Computer Modelling and Prediction", Documento IADC/SPE 62745 Apresentado na Asia Pacific Drilling Technology, Kuala Lumpur, Malásia, 11-13 de setembro de 2000.

6- Pedam, S.K., "Determining Strength Parameters of Oil Well Cement", Tese de Mestrado, Universidade do Texas em Austin, E.U.A., maio de 2007.

7- Johnstone, K., et al, "Cementing Under Pressure in Well-Kill Operations: A Case History from the Eastern Mediterranean Sea", SPE Drilling & Completion, Vol. 23, No. 2, pp. 176-183, junho de 2008.

8- Nelson, E.B., "Well Cementing", Schlumberger Educational Services, Sugar Land, Texas, 1999.

9- Reddy, B.R., et al, "Cement Mechanical Property Measurements Under Wellbore Conditions", Documento SPE 95921 Apresentado na Conferência e Exposição Técnica Anual, Dallas, Texas, EUA, 9-12 de outubro de 2005.

10- Dahab, A.S., e Omar, A.E., "Rheology and Stability of Saudi Cement for Oil Well Cementing", J. King Saud Univ., Vol. 1, Eng. Sci. (1,2), pp. 273-286, Riyadh, 1989.

11- Lecolier, E., et al, "Durabilidade da pasta de cimento Portland endurecida

used for Oilwell Cementing", Oil & Gas Science and Technology, Rev. IFP, Vol. 62, No. 3, pp. 335-345, 2007.

12- Noik, Ch., e Rivereau, A., "Oilwell Cement Durability", Documento SPE 56538 Apresentado na Conferência e Exposição Técnica Anual, Houston, Texas, 3-6 de outubro de 1999.

13- Mirza, J., et al, "Basic Rheological and Mechanical Properties of High-Volume Fly Ash Grouts", Construction and Building Materials, Vol.16, Issue 6, pp. 353-363, 2002.

14- Jennings, S.S., "Long-Term High-Temperature Laboratory Cement Data Aid in the Selection of Optimized Cements", Paper SPE 95816 Apresentado na Conferência e Exposição Técnica Anual, Dallas, Texas, E.U.A., 9-12 de outubro de 2005.

15- Al-Yami, A.S., et al, "Long-Term Evaluation of Low-Density Cement: Laboratory Studies and Field Application", Documento SPE 105340 Apresentado na 15ª Exposição e Conferência de Petróleo e Gás do Médio Oriente, Reino do Barém, 11-14 de março de 2007.

16- Al-Yami, A.S., Nasr-El-Din, H.A., "Long-Term Evaluation of Low-Density Cement, Based on Hollow Glass Microspheres, Aids in Providing Effective Zonal Isolation in HP/HT Wells: Laboratory Studies and Field Applications", Documento SPE 113138 Apresentado na Reunião Conjunta da Secção Regional do Oeste e do Pacífico da AAPG, Califórnia, EUA, 31 de março-2 de abril de 2008.

17- Manual de Instruções, "Ultrasonic Cement Analyzer", OFI Testing

Equipment Inc., Houston, Texas, E.U.A., 2007.

18- Al-Yami, A.S., et al, "New Cement Systems Developed for Sidetrack Drilling", Documento SPE 113092 Apresentado na Conferência e Exposição Técnica sobre Petróleo e Gás, Mumbai, Índia, 4-6 de março 2008.

Printed by Books on Demand GmbH, Norderstedt / Germany